U0248086

■ 优秀技术工人
百工百法丛书

亓传周
工作法

泥沙智能取样
设备的设计
与制造

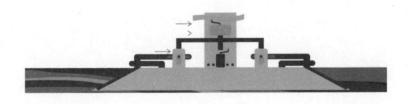

中华全国总工会 组织编写   亓传周 著

中国工人出版社

技术工人队伍是支撑中国制造、中国创造的重要力量。我国工人阶级和广大劳动群众要大力弘扬劳模精神、劳动精神、工匠精神，适应当今世界科技革命和产业变革的需要，勤学苦练、深入钻研，勇于创新、敢为人先，不断提高技术技能水平，为推动高质量发展、实施制造强国战略、全面建设社会主义现代化国家贡献智慧和力量。

——习近平致首届大国工匠
创新交流大会的贺信

优秀技术工人百工百法丛书
编委会

编委会主任： 徐留平

编委会副主任： 马　璐　潘　健

编委会成员： 陈伶浪　程先东　王　铎

　　　　　　　　康华平　高　洁　李庆忠

　　　　　　　　蔡毅德　李睿祎　秦少相

　　　　　　　　刘小昶　李忠运　董　宽

序

　　党的二十大擘画了全面建设社会主义现代化国家、全面推进中华民族伟大复兴的宏伟蓝图。要把宏伟蓝图变成美好现实，根本上要靠包括工人阶级在内的全体人民的劳动、创造、奉献，高质量发展更离不开一支高素质的技术工人队伍。

　　党中央高度重视弘扬工匠精神和培养大国工匠。习近平总书记专门致信祝贺首届大国工匠创新交流大会，特别强调"技术工人队伍是支撑中国制造、中国创造的重要力量"，要求工人阶级和广大劳动群众要"适应当今世界科技革命和产业变革的需要，勤学苦练、深入钻研，勇于创新、敢为人先，不断提高技术技能水平"。这些亲切关怀和殷殷厚望，激励鼓舞着亿万职工群众弘扬劳模精神、劳动精神、工匠精神，奋进新征程、建功新时代。

近年来，全国各级工会认真学习贯彻习近平总书记关于工人阶级和工会工作的重要论述，特别是关于产业工人队伍建设改革的重要指示和致首届大国工匠创新交流大会贺信的精神，进一步加大工匠技能人才的培养选树力度，叫响做实大国工匠品牌，不断提高广大职工的技术技能水平。以大国工匠为代表的一大批杰出技术工人，聚焦重大战略、重大工程、重大项目、重点产业，通过生产实践和技术创新活动，总结出先进的技能技法，产生了巨大的经济效益和社会效益。

深化群众性技术创新活动，开展先进操作

法总结、命名和推广，是《新时期产业工人队伍建设改革方案》的主要举措。为落实全国总工会党组书记处的指示和要求，中国工人出版社和各全国产业工会、地方工会合作，精心推出"优秀技术工人百工百法丛书"，在全国范围内总结100种以工匠命名的解决生产一线现场问题的先进工作法，同时运用现代信息技术手段，同步生产视频课程、线上题库、工匠专区、元宇宙工匠创新工作室等数字知识产品。这是尊重技术工人首创精神的重要体现，是工会提高职工技能素质和创新能力的有力做法，必将带动各级工会先进操作法总结、命名和推广工作形成热潮。

此次入选"优秀技术工人百工百法丛书"作者群体的工匠人才，都是全国各行各业的杰出技术工人代表。他们总结自己的技能、技法和创新方法，著书立说、宣传推广，能让更多人看到技术工人创造的经济社会价值，带动更多产业工人积极提高自身技术技能水平，更好地助力高质量发展。中小微企业对工匠人才的孵化培育能力要弱于大型企业，对技术技能的渴求更为迫切。优秀技术工人工作法的出版，以及相关数字衍生知识服务产品的推广，将对中小微企业的技术进步与快速发展起到推动作用。

当前，产业转型正日趋加快，广大职工对于技术技能水平提升的需求日益迫切。为职工群众创造更多学习最新技术技能的机会和条件，传播普及高效解决生产一线现场问题的工法、技法和创新方法，充分发挥工匠人才的"传帮带"作用，工会组织责无旁贷。希望各地工会能够总结、命名和推广更多大国工匠和优秀技术工人的先进工作法，培养更多适应经济结构优化和产业转型升级需求的高技能人才，为加

快建设一支知识型、技术型、创新型劳动者大
军发挥重要作用。

中华全国总工会兼职副主席、大国工匠

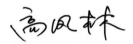

作者简介
About The Author

亓传周

1971 年出生，黄河水利委员会山东黄河河务局菏泽黄河河务局郓城黄河河务局水工闸门运行工高级技师、首席技师。

曾获"全国五一劳动奖章""全国技术能手""全国最美职工""国家技能人才培育突出贡献个人"、全国水利行业首席技师、山东省首席技师、黄河水利委员会首席技师、齐鲁大工匠、山东好人（敬业奉献类）等荣誉和称号，享受国务院政府特殊津贴。

亓传周连续三届被水利部聘为全国水利行业首席技师（水工闸门运行工）。他作为创新工作室的带头人，带领工作室技术团队积极探索水闸管理最新技术，培养闸门运行人才，其"感官判断启闭设备故障法"等四种独特的先进操作方法，被水闸管理单位应用于供水生产；完成技改项目40余项，其中获国家专利14项，为解决"卡脖子"难题付诸努力；经亓传周工作室培育的技能人才3267人，39人次荣获"技术能手""首席技师"等称号，有力地践行了"让黄河成为造福人民的幸福河"的伟大号召。

治水兴利，行而不辍，为服务水利
事业高质量发展而奋斗终生。

亓传周

目　录
Contents

引　　言
Introduction

　　科技创新能够催生新产业、新模式、新动能，是发展新质生产力的核心要素。必须加强科技创新特别是原创性、颠覆性的科技创新，加快实现高水平科技自立自强，打好关键核心技术攻坚战，使原创性、颠覆性的科技创新成果竞相涌现，培育发展新质生产力的新动能。发展新质生产力是推动高质量发展的内在要求和重要着力点，必须做好创新这篇大文章，推动新质生产力发展，服务高质量发展，为以中国式现代化全面推进强国建设、民族复兴伟业作出更大贡献。

　　河流泥沙状况对水资源的开发利用、防

洪减灾以及流域生态环境建设的决策等具有重大影响，并越来越受到社会关注。为获取精确的悬移质泥沙含沙量数据，需要依靠泥沙取样设备来取样，用置换法数据处理来分析泥沙含量，为编制规划和决策提供依据，充分发挥工程效益。

　　本书主要阐述亓传周多年来在泥沙取样设备研制过程中的一系列技术攻关和实施效果，以及在这一过程中积累的有关创新成果和经验，供大家参考。

第一讲

工作法概述

《中国河流泥沙公报》显示，长江、黄河、淮河、海河、珠江、松花江、辽河、钱塘江、闽江、塔里木河、黑河和疏勒河等12条主要河流年实测输沙量及其年内分布和洪水泥沙特征、重点河段冲淤变化、重要水库及湖泊冲淤变化和重要泥沙事件等，都需要采集沙样，进行泥沙数据分析，这些活动与泥沙取样设备息息相关。

黄河以水少沙多、水沙异源而闻名于世。近年来，引黄供水的发展极大地促进了区域农业生产和提高了城乡人民的生活水平，取得了巨大的社会效益、经济效益和生态环境效益。

为合理分配和高效利用黄河水源，保证渠道输水畅通，便于及时进行清淤，获取精确的悬移质泥沙含沙量数据显得尤为重要。目前，悬移质泥沙测验采用的主要方法是横式采样器取样、置换法数据处理。含沙量测验一般需要取样器从水流中采取水样，水样都要经过测量体积、沉淀、过滤、烘干、称重等手续，才能得出一定体积浑水中的干沙重量。这种取样器的缺点是粗老笨重、耗时费力，在取样前还需要用木质测深杆先测量出取样点的水深。而取样位置的水深，是通过目测横式取样器的木质测深杆上的刻度得出，这些刻度只是用油漆喷在某个高度的位置上，油漆易磨损、易脱落，木制测深杆笨重、取材难，并且使用不方便，容易损坏，在测量水深时，其定位不准，导致取样水深数据和位置不够准确、操作难度大，直接影响泥沙数据的测验精度。

　　为了消除或减少水深测量的误差、取样位置水深读数误差，便于取样操作轻便灵活，提高泥沙测验精度，技术研发人员选择了材质既轻便又坚固的提拉杆和取样器，并根据电子感应和机械自动控制原理，研制出一种泥沙智能型取样设备，适用于各类水闸、水文站水深测量以及泥沙取样。

综上所述，智能型泥沙取样设备和传统取样设备相比有以下特点：

（1）该设备以搭接式刻度提拉杆为骨架，与锂电池组、电子显示屏、微型驱动电机、压力传感式测深装置、机动封盖取样器等构成一个整体。

（2）通过操作提拉杆升降，利用压力传感技术测量、显示取样水深。

（3）控制电机转向驱动取样器两端封盖启闭，完成泥沙取样，操作方便，取样数据精度提高。

第二讲

泥沙智能取样设备的
总体设计

泥沙取样设备有多种，这些设备在操作时不能同时兼顾水深测量和泥沙取样，科技含量较低，有的泥沙取样设备粗老笨重、耗时费力，而且效果欠佳。

新设计的泥沙取样设备，应充分具备泥沙取样和水深测量的双重功能，还应实现自动启闭、水深数据智能显示、杆体轻便坚固等要求。

一、问题描述

在泥沙取样设备的设计工作中，要重点解决以下问题：

（1）实现泥沙取样的自动化，消除误差，结合泥沙取样和水深测量的工作实际，泥沙智能取样设备应具有自动测深功能。

（2）结合电机联动机构和正反转原理，保证取样设备两端封盖的智能启闭功能，实现泥沙取样的智能化。

（3）在提拉杆和纳水桶材质的选择上确保轻便坚固，杆体单元长度适宜，杆与杆之间连接方式可靠，易操作，经济实用、节约资金。

二、解决方法

通过广泛征求一线职工的意见，形成了总体设计思路。

总体设计如下：

（1）提拉杆杆体采用碳纤维材质组合式。

（2）刻画采用激光雕刻涂绘。

（3）水深采用压力传感和电子屏幕显示。

（4）取样纳水桶采用轻质不锈钢材质加工，取样器两端封盖的启闭采用机械自动控制。

泥沙智能取样设备整体设计见图1。

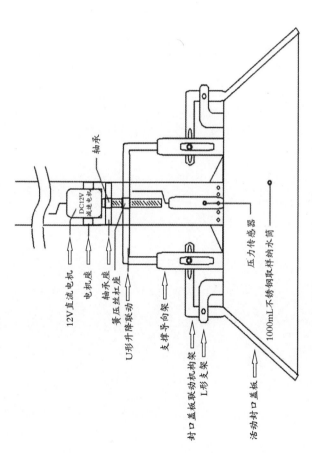

图 1　泥沙智能取样设备整体设计示意

第三讲

泥沙智能取样设备的
制造与安装

目前，为测定悬移质含沙量及颗粒级配，采集河渠悬移质水样的仪器设备，总体上分为瞬时式和积时式两种。瞬时式取样器是在河渠过水断面的预定测点，在瞬时采集悬移质水样的仪器，横式采样器属于此类仪器；积时式取样器是在河渠过水断面的预定垂线或测点，在某一时段内采集悬移质水样的仪器，又分为选点式和积深式两种。

在取样装置设计制造之前，传统上有瓶式、皮囊式、泵式、调压式四种取样设备，这些设备在长期实际取样应用中，不能满足自动化、智能化时代发展需要，被逐步淘汰。

该类取样设备缺点如下：

（1）当时受经济发展情况限制，材质选取有限，不易携带，且因取样地点大多在河湖岸边，多陡坡，地形复杂，易造成设备破碎、磨损，存在安全隐患。

（2）操作步骤烦琐、技术要求高、掌握难度大，如出现设备零件老化、损毁，但市场上找不到更换配件。

（3）劳动强度大，所需操作人员多，耗时费力。

一、新型取样设备的工作原理

针对上述问题，以解决泥沙取样设备自动取样难题、减轻劳动强度、简化操作过程为目标，泥沙智能取样设备研制人员在构思设计的基础上，充分征求一线操作职工的意见，根据整体设计示意图，绘制了加工制造图纸，通过对比，优选合适的提拉杆、纳水桶、封盖和连接件的材质，购置所需工具、料物，根据设计图纸进行机械设备加工制作、组装试验等工序，经过反复调试，研制出新型泥沙智能取样设备。

该装置的工作原理是泥沙智能取样器具有自

动测深功能，其功能的实现是利用压力传感技术，在杆体底部与纳水桶之间安装压力传感器，与电子显示屏结合，可以实时显示水深数据，杆体1.0m为一个单元，长度可以任意衔接，衔接处设置特别连接装置，杆体电子显示屏下安装有灯光照明装置，方便夜间测量，读取数据。为确保水深测量精度，自动智能测深显示数据与测杆刻画高度数值相互校验。取样设备两端封盖的自动智能启闭功能是利用机械传动和自动控制原理，通过电机驱动开启联动机构来实现的。在提拉杆和纳水桶之间安装一个驱动电机，电机驱动联动机构在电机正转或反转时，会带动取样器两端封盖自动开启或关闭。

这些功能的实现，免除了在泥沙取样时事先用深杆测量水深和人工用手扳开横式取样器两端的封盖，以及入水取样后还需要人工提拉线绳关闭封盖的操作，节省了时间和人力，操作更加简单化、智能化。

二、泥沙智能取样设备的制造与安装

（一）问题描述

要求取样设备杆体轻便坚固，操作简单，不但具有数显和自动控制功能，还应方便杆体刻画刻度。对材质的选择及数显方面的制造存在以下问题：

（1）提拉杆材质的选择。杆体的材质是否轻便、坚固、耐磨损、耐锈蚀，易刻画、不脱漆、不褪色。

（2）取样纳水桶设计与材质。纳水桶设计是否满足取样容积需要、桶盖启闭连接、密封性好等要求，材质是否具有美观、耐锈蚀、耐磨损的特性。

（3）设备动力的研制。需要解决动力电源的提供方式，驱动电机尺寸大小、安装位置、密封状态以及传动机构的研制等问题。

（4）信号传输装置及设备接头。需要解决信号传输及连接方式、杆与杆之间的接头等问题。

（二）解决方法

1. 提拉杆

经多方对比、试验，提拉杆采用碳纤维复合材质。该复合材料由碳纤维和树脂基体组成，具有以下优点：可设计性强、强度大、质量轻、密封性好、热膨胀系数低等。其与传统金属材料相比，具有质量轻和强度大的特点。杆体直径38mm，壁厚2.2mm。每根长1.0m为一个单元，自成整体。运用数控同步旋转精刻工艺对杆体按照水尺样式刻画刻度，刻度凹于杆体内，采用氟碳底漆、标准色氟碳面漆，使用镂空、喷涂、烤制和固化等一系列烤漆加工工序，使测深杆杆体刻度颜色鲜艳、直观易读。提拉杆的加工和刻度见图2。

（a）加工   （b）刻度

图2 提拉杆的加工和刻度

2. 取样纳水桶

取样纳水桶采用304不锈钢材料，该材料具有耐腐蚀、耐高温，加工性能好，抗拉强度大，使用寿命长等特点。纳水桶内径85mm，壁厚1.5mm，不锈钢管两端用激光切成45°斜口，容积1000mL，标称误差10mL。密封采用有机硅结构胶配合密封垫圈，安装要求材料表面干净、无油污、无杂质，确保最佳密封效果，保证纳水桶盖缝隙不漏水。取样纳水桶加工见图 3。

图 3　取样纳水桶加工

3.驱动电机

杆体长度的局限性要求驱动电机性能稳定，可以安装在直径为 38mm 的提拉杆内，采用 12V LX31WG 蜗轮蜗杆减速电机，该电机具有控制简单、响应迅速、适合频繁启停等优点，通过遥控装置，在将电能转换为机械能的过程中，驱动弧形齿轮，带动取样器两端封盖支撑臂上的弧形齿轮转动，从而自动打开或关闭取样器两端封盖。

驱动电机组装加工见图4。

图4　驱动电机组装加工

4.遥控装置

遥控器主要由形成遥控信号的微处理器芯片、晶体振荡器、放大晶体管、红外发光二极管以及键盘矩阵组成。发射器端的操作按钮分为开启按钮和关闭按钮，经过按钮触发，形成控制指令，进而编码，然后通过无线模块及天线，将已经触发的控制指令发送出去，使取样纳水桶封盖开启或关闭。

5. 动力电源选配

目前，市场上电源电池多种多样，为兼顾设备各项功能的需要，动力电源采用 12V DC 直流锂电池组。这种电池容量大、性能稳定，具有过充、过放、过流、短路保护功能，可以为电子显示屏、传感器和驱动电机供电以及夜间观测照明所需要。锂电池实物见图 5。

图 5　锂电池实物

6. 传动机构

该传动机构在设计上设置传动装置，采用机械传动的方式实现封盖的开启或关闭作业，有利于机器的控制、装配、安装、维护和安全等。在两端封盖的外边设计安装了带有 L 形杠杆的支撑臂，在电机的带动下可驱动两端封盖的外边支撑臂连同封盖一起转动，将旋转运动改变为直线运动，实现封盖的启闭作业。传动机构加工见图 6。

7. 传输线

信号传输线为带屏蔽、防折弯中通管 $0.75mm^2 \times 2$ 信号线，在控制安装、连接设备、输送电力等方面发挥多重作用，杆与杆传输线之间的接头方式为插接式。

8. 不锈钢接头

杆与杆之间的接头采用不锈钢材质，运用数控机床编程加工而成，为中空结构，具有较好的

（a）封盖的开启作业

（b）封盖的关闭作业

图 6　传动机构加工

密封性。它本质上保证了接口材质、结构与管体本身的密封性，其接口的抗拉强度可有效抵抗水压产生的应力及轴向的拉伸应力，所以密封性能良好。杆与杆之间的接头加工见图7。

图7　杆与杆之间的接头加工

（三）加工效果

　　针对上面所述内容，科学地安装和连接是提高取样器使用可靠性的基础与保障。针对提拉杆、纳水桶、传动机构、接头等部件，利用车床，设定参数值，根据所选料物进行加工测量，满足取样设备要求，解决测深杆杆体连接传输线缠绕的难题，采用新型连接方式保证整体的同质性，杆和杆之间自成整体，携带方便。

三、泥沙智能取样设备数字显示功能的研制

（一）问题描述

与传统人工观读相比，新型取样设备的设计要体现自动显示水深数据，需要解决以下问题：

（1）水深显示屏幕的设计、制作是否与杆体相匹配。

（2）电子元件的组装、集成及整体布局。

（二）解决方法

1. 电子显示屏

水深显示屏幕采用电子显示屏实现，安装万能分度液位显示器，型号为 JQL-C403-81-23-

HL-P，电子显示屏与压力传感器、智能数据处理器、自动控制处理器集成在一起，安装在长10cm、宽7cm、高5cm的不锈钢保护罩内，主要显示水深读数和遥控驱动电机运行。电子显示屏的数据显示小数点后三位，单位：m。电子显示屏加工见图8。

图8　电子显示屏加工

2. 数字水压传感器

泥沙智能取样设备采用的数字水压传感器

（见图9）型号为PY206，它能感受到被测量的信息，并将检测感受到的信息，按一定规律变换为电信号或其他所需形式的信息输出，以实现信息的传输、处理、存储、显示、记录和控制等功能。数字水压传感器的工作原理是被测水压直接作用于传感器的膜片上，使膜片产生与水压成正比的微位移，并使传感器的电阻值发生变化，用电子线路检测这一变化，并转换输出一个相对应

图9　数字水压传感器

压力的标准测量信号。传感器安装在提拉杆杆体
的底部和取样纳水桶连接处，与智能数据处理器
用数据传输线连接，即时传送水压信号，经过智
能数据处理器计算、处理转换成实时有效的水深
数据，并即时显示在电子显示屏上。数字水压传
感器采用进口感压芯片和 PT100 温度传感器，主
要技术参数为：

　　长期稳定性：± 0.1%F.S/ 年；

　　温度漂移：± 0.01%F.S/℃；

　　供电范围：12~36V DC；

　　输出信号：4~20mA；

　　介质温度：–40~85℃；

　　环境温度：–40~85℃；

　　超压：200%；

　　防护等级：IP65；

　　采样频率：≤ 2ms；

　　几何尺寸：96mm × 48mm。

3. 智能数据处理器（PC 单片机）

智能数据处理器（见图 10）采用 SCALE-2 单片机，这种集成电路芯片是采用超大规模集成电路技术把具有数据处理能力的中央处理器（CPU）、存储器、定时器/计数器、输入输出端口和各种外设功能集成到一块硅片上构成的一个小而完善的专用集成电路，按照事先编写好的计算程序，嵌入电子显示屏的盒子内。其工作原理是当系统通上电时，单片机会自动执行一段初始化程序，再根据存储器中储存的程序代码，依次

图 10　智能数据处理器

执行指令，指令由操作码和操作数组成，操作码指示执行的具体操作，操作数则提供了操作所需的数据。

4. 自动控制处理器

自动控制处理器如图 11 所示，其主要功能是按照控制程序中指令的执行顺序执行操作，即对数据进行算术和逻辑运算来处理数据。取样纳水桶两端封盖在驱动电机和传动机构的带动下可以自动开启和关闭，需要特制电路板来完成，并集成在电子显示屏内。

图 11　自动控制处理器

（三）测验效果

针对上面所述内容，首先对元器件进行测量，核对其参数值，如果都在标准值以内，处理器加工、集成后，经过多次测试、调整、改进，能够掌握各元器件协调情况，试验效果良好，达到运行要求。同时，读数显示器下方设置有灯光照明，方便夜间进行取样。

四、泥沙智能取样设备的安装

综前所述，根据设计要求，结合设备材质、工艺、动力、元器件工作原理，以及所达到的效果等，泥沙智能取样设备应选择最优方案来解决问题。

（一）问题描述

（1）电子显示屏、数字水压传感器、驱动电机、电源、LED 照明灯带等安装位置是否准确。

（2）杆体与纳水桶的连接方式具体是什么。

（二）解决方法

杆体、纳水桶、封盖及其支撑臂、接头需要在车床加工后，与可遥控的驱动电机、传动机构、PC 电路板、电子显示屏、数字水压传感器、数据处理器、自动控制器、直流锂电池组、LED 照明灯带、遥控按钮开关、连接线等元器件进行连接安装。

（1）水深电子显示屏、PC 电路板、电子显示屏、数据处理器、自动控制器、电池组安装在杆体顶部。

（2）数字水压传感器（水深探头）安装在杆体底部与取样纳水桶连接处。

（3）驱动电机安装在两端封盖支撑臂之间（纳水桶上方）。

（4）为保证最佳照明效果，LED 照明灯带安装在电子显示屏下部。

（5）杆体与纳水桶连接通过连接臂实现。

　　为了运输和携带方便，以上组件根据使用需要可随意拆卸安装。泥沙智能取样设备整体组装完成后的实物如图 12 所示。

图 12　泥沙智能取样设备整体组装完成后的实物

（三）运行效果

　　该泥沙智能取样设备在 2019 年黄河水文泥

沙取样领域应用，至今仍运行平稳，应用效果良好。它显著解决了自动测量、显示取样水深数据的问题，取样器盖板设置联动构架，通过控制电机转向，实现了取样器两端封盖的开启或关闭。该泥沙智能取样设备的应用减轻了劳动强度，提高了工作效率（达到95%），增收节支效益明显（达到90%）。

第四讲

泥沙智能取样设备的
结构原理及算法

泥沙取样设备结构原理与算法是各项功能的核心要素，设备的运行需要各方面数据、参数的密切配合，才能高效、协调地运转。

一、结构原理及计算

综前所述，新型泥沙取样设备水深数显功能运用了水压传感技术、数据解算技术和机械自动控制技术。这些技术需要算力和算法、信号转换来支撑，在数据获取方面存在以下问题：

（一）问题描述

（1）如何通过水压原理和压力传感原理与水深的关系得出水深数据。

（2）在计算程序中存在压强、电压值、水温等各种系数关系，如何解决转换数据结构与算法来进行编程计算。

（3）在传动机构运转过程中，封盖支撑臂如何联动。

（二）解决方法

（1）水压原理及计算。水流中某一点（或水底）的压强与水深和水的密度成正比，根据这一规律，只要测知某一点（或水底）的压强，便可求出水深数值。公式为：

$$H = p \div (\rho g)$$

式中，H 为水面到水底（或某一点）的垂直深度，即水深，m；p 为水底或水流中某一点的压强，$kg/(m \cdot s^2)$；ρ 为水的密度，kg/m^3；g 为重力加速度，$9.8m/s^2$。

（2）压力传感原理及计算。压力传感器是在薄片表面形成半导体变形压力，通过外力（水压力）使薄片变形而产生压电阻抗效果，从而使阻抗的变化转换成电信号。

压力传感器一旦制作完成，其受压面积就是固定值（常数 A，单位：m^2），在水中所受压力 $F = p \times A$，并且 F 是随时测知的压力。

F 的计算方式为:

$$F = f \times U$$

式中, U 为压力传感器获知的电压值; f 为压力系数。

由于: $p = F \div A$, 在 A 为常数的情况下,

令: $1 \div A = K$, 则:

$p = K \times F = K \times f \times U$;

故: $H = K \times f \times U \div (\rho g)$;

令: $K \times f \div (\rho g) = \psi$。

其中, ψ 为综合比例系数 (该系数由水的温度、密度、实际水深和计算水深的比值等综合因素求得); 水的密度会随水温的不同而变化, 在计算程序中事先存入 $\rho - T$ (水温) 对照表, PC 单片机就会按照当时的水温自动查找相应的 ρ 值, 代入公式计算出水深数值。

则: $H = \psi \times U$。

那么, 只要获知水底或水中某一点压力传感

器薄片上的电信号，就能知道该点的水深。

其中，ψ 可以通过输入由测深杆刻画刻度直接读出的实际水深，在 PC 单片机上自动计算求出，并返回到计算程序中，之后显示的水深与实际水深一致，从而消除了含沙量数值变化带来的水深数据的误差。

（3）数据解算技术原理及计算。将事先编写好的解算程序，嵌入 PC 单片机中，在 PC 单片机接收到水压力电阻值信号（U）后，通过计算公式 $H=\psi \times U$ 直接转换成水深数值，并显示在屏幕上。

需要说明的是，电子显示屏上的水深数据，理论上是压力传感器探头到水面的垂直距离，但鉴于传感器探头安装在提拉杆底端、取样纳水桶上边，此水深数据的测量分为取样垂线水深和取样位置水深。黄河泥沙智能取样器水深测量示意如图 13 所示。

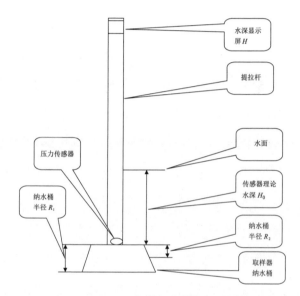

图13 黄河泥沙智能取样器水深测量示意

注：取样垂线水深为 $H_1=H_0+R_1$，取样位置水深为 $H_2=H_0+R_2$

因此，在测量取样垂线水深时：取样垂线水深＝传感器上传的数据＋修正系数 R_1（取样纳水桶半径，单位：m）。

在确定取样位置水深时：取样位置水深＝传感器上传的数据＋修正系数 R_2（取样纳水桶半径，

单位：m）。

（4）机械自动控制原理及联动。取样器两端封盖的开启，采用机械传动机构：在两端封盖的外边加装带有齿轮的支撑臂，安装一组特殊的可转动的半圆齿轮与之分别咬合，在电机的带动下可转动传动连接机构，驱动两端封盖的外边支撑臂连同封盖一起转动。

可转动传动连接机构在人为遥控下可以正转或反转，从而实现取样器两端封盖的开启或关闭，这样就不需要人工用手扳开或关闭取样器两端的封盖。

（三）运行效果

按照以上原理及计算程序进行编程，泥沙取样设备运行稳定、数据正确。

（1）利用压力传感测深技术，可自动测量、显示取样水深数据。

（2）在取样器盖板设置联动构架，通过控制电机转向，实现取样器两端封盖的开启或关闭，完成泥沙取样。

二、参数及性能指标描述

泥沙智能取样设备在原材料选用、生产加工设备、检测等方面，严格执行国家相关生产标准，确保取样设备的可靠性、稳定性和使用寿命。

1. 取样器提拉杆参数

复合碳纤维材质，直径 38mm，壁厚 2.2mm；

每根长 1.0m 为一个单元，自成整体；

运用数控同步旋转精刻工艺对杆体按照水尺样式刻画刻度，最小刻画刻度为 1cm。

2. 电子显示屏参数

电子显示屏型号为 JQL-C403-81-23-HL-P，数据显示小数点后三位，单位：m，内部集成元素包括数据解算器、自动控制器、电源等；

电子显示屏所显示的水深有两种模式：全水

深（取样垂线水深 H_1）和取样位置水深（H_2）。通过事先编写数据解算和显示软件来实现两种水深的测量和显示。

3. 驱动电机技术参数

额定电压：12V；

额定电流：0.1A（直流供电）；

两端封盖开启和关闭时间不大于 3s。

4. 电源参数

12V DC 直流锂电池组，电压为 12V（直流供电）；

几何尺寸：8cm × 4cm × 2cm。

5. 取样纳水桶参数

内径 85mm，壁厚 1.5mm 的不锈钢管；

两端用激光切成 45° 斜口；

容积：1000mL；

标称误差：± 10mL。

6. 智能取样器应用指标

水深测量范围：0.1cm ～ 6.0m；

水深测量误差：≤±2cm；

取样容积：1000mL；

取样容积误差：±10mL；

整体质量：2.8kg；

两端封盖开启和关闭时间不大于3s。

三、智能取样设备的创新点

（1）利用压力传感测深技术，可自动测量、显示取样水深数据。

（2）取样器盖板设置联动构架，通过控制电机转向，实现取样器两端封盖的开启或关闭。

（3）采用碳纤维搭接式提拉杆，材质轻，而且方便按要求长度搭接组合；取样纳水桶、封盖及连动构件采用不锈钢材料制作，整体轻便坚固。

（4）解决了测深杆杆体连接传输线缠绕难题，采用新型连接方式，杆和杆之间自成整体，携带方便。

（5）读数显示器下方设置有灯光照明，方便夜间进行取样。

第五讲

泥沙智能取样设备的创新效果

泥沙智能取样设备研制完成后，需要进行水深数据比测来检验是否符合规范要求。

一、创新应用效果

1. 数据比测

按照规范要求，在苏阁引黄闸现场对智能取样器的水深进行了比测。经比测：比测置信水平95%的综合不确定度：0.023cm<±3cm，符合规范要求；比测系统误差：0.0cm<±1cm，符合规范要求。具体比测成果见表1。

2. 应用效果

泥沙智能取样器在菏泽供水局郓城供水处苏阁、杨集等9座引黄水闸以及泺口水文站使用了四年多的时间，应用效果良好。

通过现场使用后，操作人员认为取样器提拉杆轻便坚固，智能化程度高，电子显示测量数据精确。它具有操作简单、安全性能高、刻度清晰

表1　2019年苏阁引黄闸泥沙智能取样器水深比测成果表

月	日	时间	标准水深 (P_i)	仪器水深 (P_{yi})	绝对误差	$P_{yi}-P_i$	$P_{yi}-P_i-X_y''$	$(P_{yi}-P_i-X_y)^2$
7	1	8:00	0.45	0.46	-0.01	0.01	0.01000000	0.00010000
7	2	8:00	0.50	0.51	-0.01	0.01	0.01000000	0.00010000
7	3	8:00	0.54	0.54	0.00	0.00	0.00000000	0.00000000
7	4	8:00	0.58	0.59	-0.01	0.01	0.01000000	0.00010000
7	5	8:00	0.60	0.62	-0.02	0.02	0.02000000	0.00040000
7	6	8:00	0.64	0.64	0.00	0.00	0.00000000	0.00000000
7	7	8:00	0.64	0.63	0.01	-0.01	-0.01000000	0.00010000
7	8	8:00	0.85	0.84	0.01	-0.01	-0.01000000	0.00010000
7	9	8:00	0.86	0.86	0.00	0.00	0.00000000	0.00000000
7	10	8:00	0.93	0.92	0.01	-0.01	-0.01000000	0.00010000
7	11	8:00	1.02	1.04	-0.02	0.02	0.02000000	0.00040000
7	12	8:00	1.08	1.07	0.01	-0.01	-0.01000000	0.00010000

续 表

月	日	时间	标准水深 (P_i)	仪器水深 (P_{yi})	绝对误差	$P_{yi}-P_i$	$P_{yi}-P_i-X_y''$	$(P_{yi}-P_i-X_y'')^2$
7	13	8:00	1.10	1.11	-0.01	0.01	0.01000000	0.00010000
7	14	8:00	1.12	1.12	0.00	0.00	0.00000000	0.00000000
7	15	8:00	1.24	1.24	0.00	0.00	0.00000000	0.00000000
7	16	8:00	1.28	1.29	-0.01	0.01	0.01000000	0.00010000
7	17	8:00	1.30	1.30	0.00	0.00	0.00000000	0.00000000
7	18	8:00	1.35	1.35	0.00	0.00	0.00000000	0.00000000
7	19	8:00	1.36	1.37	-0.01	0.01	0.01000000	0.00010000
7	20	8:00	1.40	1.40	0.00	0.00	0.00000000	0.00000000
7	21	8:00	1.42	1.40	0.02	-0.02	-0.02000000	0.00040000
7	22	8:00	1.45	1.44	0.01	-0.01	-0.01000000	0.00010000
7	23	8:00	1.48	1.49	-0.01	0.01	0.01000000	0.00010000
7	24	8:00	1.52	1.52	0.00	0.00	0.00000000	0.00000000
7	25	8:00	1.55	1.54	0.01	-0.01	-0.01000000	0.00010000

续　表

月	日	时间	标准水深 (P_i)	仪器水深 (P_{yi})	绝对误差	$P_{yi}-P_i$	$P_{yi}-P_i-X_y''$	$(P_{yi}-P_i-X_y'')^2$
7	26	8:00	1.56	1.54	0.02	-0.02	-0.02000000	0.00040000
7	27	8:00	1.58	1.60	-0.02	0.02	0.02000000	0.00040000
7	28	8:00	1.62	1.60	0.02	-0.02	-0.02000000	0.00040000
7	29	8:00	1.64	1.63	0.01	-0.01	-0.01000000	0.00010000
7	30	8:00	1.66	1.66	0.00	0.00	0.00000000	0.00000000
均值						0.0000		0.00380000
标准差（s）			系统不确定（X_y'）		随机不确定度（X_y）		系统误差	综合不确定
0.01125			0.00000		0.02289		0.0	0.023

结论：置信水平 95% 综合不确定度：0.023cm < ±3cm，符合规范要求；比测系统误差：0.0cm < ±1cm，符合规范要求

填表：亓　飞　李韦生　　校核：董方慧　王乃杰　　审查：董学阳　　复审：亓传周

易读、经济实用、易推广等优点，是一个适用于各类水闸和水文站泥沙测验的新型劳动工具。

　　该设备抗锈蚀，携带方便、刻画清晰、经久耐用，加工制作机械化，容易批量生产，可以减轻劳动强度，提高工作效率，具有较高的推广应用价值。

　　黄河泥沙智能取样器现场使用情况见图 14~图 18。

（a）预备测量　　　　（b）取样器入水测量

图 14　智能取样器取样垂线水深测量现场

图 15　纳水桶两端封盖自动开启

图 16　智能取样器入水取样

图 17 智能取样器提出水面

图 18 智能取样器水样倒入盛样桶内

老式木质提拉杆取样器与智能取样器提拉杆刻画维护对比见图 19、图 20。

图 19　老式木质提拉杆取样器重新描绘刻度进行维护

图 20　智能取样器提拉杆刻画无须维护

二、创新效益

1套木质提拉杆横式取样器大约使用5年，成本按2800元/套来计算，那么每年使用成本约560元。加上每年维护、刻画、涂漆的费用约460元，那么1套木质提拉杆横式取样器的费用约1020元/年。在批量生产的条件下，1台泥沙智能取样设备成本约150元/年，那么每年每闸站节省工具使用费约870元。

泥沙智能取样设备比原来的泥沙取样设备每次可节约工时约0.5h，按照每年取样200次（水文站500次左右，涵闸站100次至300次不等，暂按平均200次计算），人工费200元/天（一天按8h工作时长折算）来算，则每年节省人工工时费约 $0.5 \times 200 \div 8 \times 200 = 2500$ 元。每闸站每年节约工具使用费和工时费共约2500+870=3370元。

据不完全统计，全国有上千座水文站、涵闸站，若全部站点均能使用泥沙智能取样设备，则每年至少节支约 3370×1000=3370000 元，即 337 万元。

泥沙智能取样设备在以下方面有创新应用：水深数据自动智能显示代替了原来的人工观读，取样设备两端封盖自动开启或关闭，减少了人工劳动强度，增加了工作效率，提高了水深测量和泥沙取样的精度；实现了泥沙取样工作的机械化和自动化。泥沙智能取样设备是泥沙取样操作技术的革新，满足了黄河工程规划设计、防洪决策、治理与开发利用对含沙量成果资料的需要，在推动黄河泥沙测验技术进步方面的效益非常显著。

三、泥沙智能取样设备的改进方向

通过数据比测、现场试验、反复调试，不断改进泥沙智能取样设备，最后通过十余座引黄水闸以及泺口水文站等的实际应用，效果良好。

　　泥沙智能取样设备需要改进的地方包括：水深显示器体积过大，可以将电子显示屏加工小型化、集成化后，安装在提拉杆顶部的管腔内；水深数据通过蓝牙技术，直接用语音发送给泥沙取样操作者；当取样器到达取样位置时，语音会提示"已到取样位置，请规范取样"，当泥沙取样操作者用语音发出"两端同时开启""两端同时关闭""一端开启""一端关闭"的指令时，取样设备两端封盖会按照语音提示自动开启或关闭。

后　记

　　黄河是世界上含沙量最大的河流，水少沙多、水沙关系不协调是其复杂难治的症结所在。特别是黄河下游河道常年受其影响，导致泥沙淤积，河床抬高，防洪难度进一步增大。长此以往，还会影响黄河河道综合效益发挥和引黄供水能力。因此，了解与掌握黄河保护和治理现状，研发、改进与推广黄河泥沙治理技术及成果转化，是一项迫切且长期的艰巨任务。

　　在黄河流域生态环境保护和高质量发展背景下，泥沙智能取样设备关键技术的研究与运用，对精准获取黄河泥沙含量、系统分析取样数据、科学编制规划方案产生了积极影响。本书详细阐述了技术攻关历程及应用效果。在研发过程中，我们经历了设计研究、项目攻关、技术突破与应用等阶段，在破解"卡脖子"技术难题、加强关键核心技术攻关、推动科技成果转化方面取得了新的突破。

在后续工作中，我将带领工作室团队，把最新科技成果应用于水闸运行管理、水量调度、供水安全和水文测验等实际工作中，为服务黄河流域生态环境保护和高质量发展提供技术支撑。同时，积极响应"培养更多高素质技术技能人才、能工巧匠、大国工匠"号召，致力于人才培养、技艺传授、工校融合，让更多青年技术工人成为推动新质生产力的骨干力量，为国家水利事业培育更多高技能人才。

由于时间紧迫、经验不足，加之创新视野涉猎范围有限，在编写过程中难免有不尽如人意之处，敬请读者批评指正。

亓传周

2024 年 9 月

图书在版编目（CIP）数据

亓传周工作法：泥沙智能取样设备的设计与制造 /
亓传周著. -- 北京：中国工人出版社，2024.11.
ISBN 978-7-5008-8550-4

Ⅰ. TV149.3

中国国家版本馆CIP数据核字第2024RC0491号

亓传周工作法：泥沙智能取样设备的设计与制造

出 版 人	董 宽	
责 任 编 辑	孟 阳	
责 任 校 对	张 彦	
责 任 印 制	栾征宇	
出 版 发 行	中国工人出版社	
地　　　址	北京市东城区鼓楼外大街45号　邮编：100120	
网　　　址	http://www.wp-china.com	
电　　　话	（010）62005043（总编室）	
	（010）62005039（印制管理中心）	
	（010）62379038（职工教育编辑室）	
发 行 热 线	（010）82029051　62383056	
经　　　销	各地书店	
印　　　刷	北京市密东印刷有限公司	
开　　　本	787毫米×1092毫米　1/32	
印　　　张	2.875	
字　　　数	35千字	
版　　　次	2024年12月第1版　2024年12月第1次印刷	
定　　　价	28.00元	

优秀技术工人百工百法丛书

第一辑 机械冶金建材卷

郭玉明工作法
复吹转炉底吹的精细维护

金国平工作法
炼钢连铸设备智能化的运维与改善

李兵工作法
汽车发动机故障诊断与维修

李凯军工作法
压铸模具制造

林学斌工作法
连铸电气设备的点检

刘伯鸣工作法
带直段锥体的锻造与成形

刘更生工作法
京作硬木家具制作水磨、烫蜡技艺

潘从明工作法
萃取设备的设计与制造

裴永斌工作法
弹性油箱全自动数控加工技术

邵志村工作法
铜精矿火法的双闪冶炼

王树军工作法
设备的养护与修理

王万松工作法
热轧带钢板形的控制

温广勇工作法
玻璃纤维拉丝设备的维修与优化

文寨军工作法
低热硅酸盐水泥的制备及应用

徐成东工作法
肉眼砂判奥斯麦特炉渣含铅品位

郑久强工作法
转炉炼钢炉型的控制与操作

优秀技术工人百工百法丛书

第二辑 海员建设卷

优秀技术工人百工百法丛书

第三辑　能源化学地质卷

100 ARTISANS AND 100 TECHNIQUES SERIES

陈可营
工作法

海洋油气生产
绿色数智化设计
与应用

100 ARTISANS AND 100 TECHNIQUES SERIES

程平
工作法

钴基60硬质
合金真空水冷
堆焊

100 ARTISANS AND 100 TECHNIQUES SERIES

丁正江
工作法

焦家式金矿
预测勘查

100 ARTISANS AND 100 TECHNIQUES SERIES

华伶利
工作法

松散地层
钻进取心

100 ARTISANS AND 100 TECHNIQUES SERIES

黄兆亮
工作法

航改型
燃气轮机蜂窝
封严钎焊修复

100 ARTISANS AND 100 TECHNIQUES SERIES

琚永安
工作法

架空地线
复合光缆的
电动旋切

100 ARTISANS AND 100 TECHNIQUES SERIES

李辉
工作法

用试验电压检测
变电站一、二次设备
交流回路整体
组合工况

100 ARTISANS AND 100 TECHNIQUES SERIES

李祖锋
工作法

抽水蓄能电站
控制测量
方案优化

100 ARTISANS AND 100 TECHNIQUES SERIES

刘清
工作法

煤矿无人化
智能开采
控制系统

100 ARTISANS AND 100 TECHNIQUES SERIES

毛玉泉
工作法

贵细中药材
鉴别应用

100 ARTISANS AND 100 TECHNIQUES SERIES

齐名
工作法

应用STC
单片机

100 ARTISANS AND 100 TECHNIQUES SERIES

秦钦
工作法

矿井安全监控设备
辅助安装及
故障分析处理

100 ARTISANS AND 100
TECHNIQUES SERIES

孙同根
工作法
S Zorb 装置
优化

100 ARTISANS AND 100
TECHNIQUES SERIES

王月鹏
工作法
基于绝缘平台的
绝缘杆作业法

100 ARTISANS AND 100
TECHNIQUES SERIES

王跃
工作法
滴定分析的
判断与控制

100 ARTISANS AND 100
TECHNIQUES SERIES

杨新海
工作法
车载移动测量技术
在实景三维成果
质量检验中的应用

100 ARTISANS AND 100
TECHNIQUES SERIES

杨义兴
工作法
油田修井现场
清洁生产
技术应用

100 ARTISANS AND 100
TECHNIQUES SERIES

游弋
工作法
煤矿供电系统
防晃电
设计与应用

100 ARTISANS AND 100
TECHNIQUES SERIES

余姝
工作法
高陡峡谷区
地质灾害调查勘查

优秀技术工人百工百法丛书

第四辑 国防邮电卷

100 ARTISANS AND 100 TECHNIQUES SERIES

高凤林工作法

钢/铝异种金属软钎焊制造

100 ARTISANS AND 100 TECHNIQUES SERIES

曹彦生工作法

航天结构件数控铣削加工工艺

100 ARTISANS AND 100 TECHNIQUES SERIES

陈久友工作法

轻量化金属构件高性能激光焊接

100 ARTISANS AND 100 TECHNIQUES SERIES

陈佐佐工作法

数字化纤芯管理方案

100 ARTISANS AND 100 TECHNIQUES SERIES

洪家光工作法

典型产品车削加工

100 ARTISANS AND 100 TECHNIQUES SERIES

秦世俊工作法

直升机动部关键件、重要件数控加工

100 ARTISANS AND 100 TECHNIQUES SERIES

陶安工作法

高精度、高硬度螺纹环规二次车削及专用夹具

100 ARTISANS AND 100 TECHNIQUES SERIES

王刚工作法

高精度铰孔精准控制

100 ARTISANS AND 100 TECHNIQUES SERIES

徐珺工作法

全光组网安装维护交付

优秀技术工人百工百法丛书

第五辑 财贸轻纺烟草卷